DOCUMENTS

SUR LA

GÉOLOGIE DE LA NOUVELLE-CALÉDONIE,

SUIVIS DU CATALOGUE DES ROCHES

Recueillies dans cette île par MM. Jouan et Émile Deplanches,

ET DE LA DESCRIPTION DES

FOSSILES TRIASIQUES DE L'ILE HUGON,

DÉPENDANCE DE CETTE COLONIE;

PAR M. Eugène DESLONGCHAMPS,

PRÉPARATEUR DE GÉOLOGIE A LA FACULTÉ DES SCIENCES DE PARIS.

AVEC UNE CARTE ET UNE PLANCHE DE FOSSILES.

CAEN,	PARIS,
Chez A. HARDEL,	Chez SAVY,
Imprimeur-libraire,	Libraire-éditeur,
RUE FROIDE, 2.	RUE HAUTEFEUILLE, 24.

1864.

*Extrait du VIIIe. volume du Bulletin de la Société
Linnéenne de Normandie.*

DOCUMENTS

SUR LA

GÉOLOGIE DE LA NOUVELLE-CALÉDONIE,

Suivis du Catalogue des Roches recueillies dans cette île par MM. Jouan
et Émile Deplanches, et de la description des

FOSSILES TRIASIQUES RECUEILLIS A L'ILE HUGON,

Dépendance de cette colonie.

Au retour de son premier voyage à la Nouvelle-Calédonie,
où il séjourna trois ans, mon ami Émile Deplanches (1), chi-
rurgien de la marine impériale, me remit un certain nombre
de roches qu'il avait recueillies, et parmi lesquelles se trou-
vaient divers calcaires renfermant des coquilles fossiles. Les
plus nombreuses et les plus grandes masses consistaient en
un calcaire de formation ancienne, provenant de l'île Hugon,
qui m'a paru digne, à plusieurs titres, d'attirer l'attention :
aussi lui ai-je consacré une place spéciale dans cette notice.

(1) Depuis longues années, MM. Émile |Deplanches et Vieillard
recueillent, avec un grand zèle pour la science, les productions de la
Nouvelle-Calédonie, qu'ils ont déjà parcourue en divers sens et dont ils
ont exploré avec soin les petites îles environnantes. Ces deux intrépides voyageurs ont fait part à la ville de Caen d'une grande quantité
d'objets très-précieux et dont plusieurs ont déjà été décrits dans le *Bulletin* de la Société Linnéenne.

J'ai trouvé également un calcaire tout particulier, d'une couleur gris sombre, rappelant un peu par son aspect certaines variétés de calcaires jurassiques ou triasiques (muschelkalb ou lias). Ce calcaire renfermait deux fossiles à peu près indéterminables, une sorte de *Pecten* et deux corps qui m'ont paru être des écailles très-minces de poisson et d'un aspect noir brillant. Il provient du cap St.-Vincent, sur la côte sud-ouest de la Grande-Terre.

Le plus grand nombre des roches que me remit Deplanches proviennent de différents points de l'île des Pins ; la plupart sont des calcaires plus ou moins durs, ou des faluns d'origine tout-à-fait récente, renfermant en nombre considérable des coquilles encore actuellement vivantes sur la côte et dont le test a subi des altérations si peu profondes que la plupart montrent encore, plus ou moins effacées, les couleurs qui les avaient ornées pendant la vie. Les autres sont des roches non stratifiées, qui paraissent de nature magnésienne. J'ai cherché à les déterminer ; mais, peu confiant dans mon savoir sur des choses si difficiles, j'ai prié M. Sœmann de contrôler mes déterminations, ce qu'il a fait avec le plus aimable empressement. Je donne, à la suite de cette note, le catalogue de toutes les roches qui m'ont été remises par É. Deplanches.

Je n'ai pas la prétention de donner même un aperçu de la constitution géologique des régions de la Nouvelle-Calédonie. La plupart des éléments me manquent, et ce travail ne peut être entrepris que par des personnes ayant long-temps séjourné dans le pays et placées dans les conditions les plus favorables. Pour obvier autant que possible à cet inconvénient et donner quelque importance à ce petit travail, je commencerai cette notice par un extrait de divers travaux sur la topographie de ces contrées (1) et de ce qui traite de

(1) *Essais sur la Nouvelle-Calédonie*, par MM. Vieillard et Deplanches

la géologie dans un article fort intéressant, inséré par le R. P. Montrouzier dans la *Revue algérienne et coloniale* (1).

Pour compléter autant que possible ces données qui, quoique importantes, sont bien incomplètes, je me suis adressé à M. Jouan, capitaine de frégate, qui a été pendant plusieurs années gouverneur de cette colonie. M. Jouan (2) m'a donné des indications très-précieuses; et, dans un voyage que j'ai fait à Cherbourg, il a bien voulu mettre à ma disposition un certain nombre de roches qu'il avait recueillies, ainsi qu'une carte très-exacte où il a marqué quelques indications d'un haut intérêt pour ceux qui, par la suite, exploreront notre colonie au point de vue géologique. Je donne ici une réduction de cette carte.

Il me reste un devoir bien doux à remplir, celui d'exprimer ici ma vive reconnaissance pour la manière affectueuse dont j'ai été reçu par M. Jouan, et de rappeler les instants trop courts et si pleins de charme qu'il a bien voulu me consacrer lors de mon voyage à Cherbourg. Ceux qui ont eu le bonheur d'avoir, même pour quelques ins-

(Extrait de la *Revue maritime et coloniale*, 1863).—*Les îles Loyalty*, par M. Jouan, capitaine de frégate (Extrait des Actes de la Société des sciences naturelles de Cherbourg).

(1) *Nouvelle-Calédonie* (Extrait de la *Revue algérienne et coloniale*, avril 1860, p. 209, par le R. P. Montrouzier, missionnaire apostolique, curé de Napoléonville, Nouvelle-Calédonie).

(2) M. Jouan a publié plusieurs travaux fort remarquables sur l'océan Pacifique au point de vue de l'histoire naturelle, et principalement de l'ichthyologie : Archipel des Marquises (Extrait de la *Revue coloniale*, 1857-58); — Note sur les îles basses et les récifs de corail du Grand-Océan; — Notes sur quelques animaux observés à la Nouvelle-Calédonie; — Notes sur quelques espèces de poissons de la Nouvelle-Calédonie; — Supplément à la description des poissons de la Nouvelle-Calédonie; — Les îles Loyalty (Extraits des *Mémoires* de la Société des sciences naturelles de Cherbourg '.

tants, des rapports avec M. Jouan, apprécieront comme moi le noble caractère de cet officier rempli des sentiments les plus grands et les plus généreux.

Description géographique.

J'extrais les lignes suivantes, pour ce qui a trait à la Nouvelle-Calédonie, du travail déjà cité de MM. Émile Deplanches et Vieillard, et, pour les îles Loyalty, de celui également cité de M. Jouan :

« La Nouvelle-Calédonie est située entre les 20° 10′ et « 22° 26′ de latitude sud et entre les 161° 35′ et 164° 35′ de « longitude est du méridien de Paris. C'est une des îles les « plus importantes de la Mélanésie : elle comprend une largeur « moyenne de 12 lieues sur une longueur de 70 à 80 ; c'est « une terre haute, allongée, dont la position oblique fait « avec l'Équateur un angle d'environ 40°. Les côtes, profon- « dément découpées, sont défendues par des récifs madré- « poriques dont les bancs extérieurs laissent, entre eux et le « rivage, un canal d'eaux tranquilles d'une grande ressource « pour mettre en communication les différents points de la « colonie, et d'une navigation sûre pour les bateaux à « vapeur et même pour les navires à voile d'un faible « tonnage.

« Ces récifs constituent, dans tout le pourtour de l'île, « une ceinture qui s'étend, au sud, un peu au-delà de l'île « des Pins, et se prolonge dans le nord, sous le nom de « *récifs des Français*, sur un espace d'environ 100 lieues. « Ces bancs ne forment point un tout continu : de distance « en distance, ils offrent des ouvertures nombreuses, plus ou « moins larges, plus ou moins profondes. Ces passes condui- « sent, pour la plupart, à des embouchures de rivières, à « des baies dans lesquelles les navires peuvent très-souvent

« trouver un excellent mouillage et un abri sûr contre les
« vents qui, à certaines époques, soufflent avec violence.

« Des îles plus ou moins importantes se rattachent à cette
« terre et forment, pour ainsi dire, un marchepied néo-
« calédonien. Ce sont, dans le nord, l'*archipel d'Entrecas-*
« *teaux*, composé d'un certain nombre d'îles peu connues ;
« celui de *Balade*, formé de terres hautes et basses ; les pre-
« mières comprennent deux îles : *Balabéa*, séparée de la
« Grande-Terre par le détroit *Devarenne*, et *Pam*, toutes
« deux inhabitées et couvertes de cocotiers et de bois de
« diverses essences. Les autres constituent le groupe de
« *Nénéma*, qui comprend une dixaine d'îles habitées, assez
« fertiles et plantées principalement en cocotiers.

« Plus au nord-ouest, à 10 ou 12 lieues, se trouve le groupe
« de *Belep*, les îles *Art*, *Pott*, etc., terres hautes, peu fer-
« tiles, dont les habitants forment une tribu à part et où les
« missionnaires possèdent un établissement.

« Au sud de l'archipel de Balade et sur la côte est, à peu
« près à distance égale d'*Ienghen* et de *Tuo*, entre les récifs
« et la côte, sont plusieurs îlots dont l'un présente cette
« particularité de ne posséder qu'un seul arbre, un pin,
« *Eutassa Cookii*, dont la conservation devrait être assurée
« pour les besoins de la navigation.

« En longeant cette côte, l'on rencontre encore de nom-
« breux îlots sans importance, privés d'eau et sans navi-
« gation.

« Au sud de la Nouvelle-Calédonie se trouve l'île des
« *Pins, Kunié* des indigènes. Elle est le centre d'un groupe
« d'îlots boisés et couverts de pins, au nombre desquels
« nous citerons l'île *Alcmène* ; ses abords, pleins de récifs,
« sont d'un accès difficile ; séparée de la Grande-Terre par
« un chenal de 5 à 6 lieues, elle affecte la forme d'un cercle
« irrégulier de 10 milles de diamètre environ ; sa superficie

« consiste presque entièrement en un immense plateau ferru-
« gineux, aride, que domine une montagne, le pic *Nga*,
« haute de 266 mètres, dont le sommet, visible à une
« grande distance, est un excellent point de repère pour le
« navigateur; la circonférence de l'île, au contraire, offre
« une succession de prairies, étroites, il est vrai, dans la
« partie nord, mais très-fertiles et parfaitement arrosées.

« En remontant de l'île des Pins vers la côte ouest, la
« première que l'on rencontre est l'île *Wen*, île boisée, aux
« sommets escarpés, et ne possédant que très-peu de terres
« cultivables, quoique d'une surface assez étendue. D'un
« accès impossible du côté du large, elle est séparée de la
« Grande-Terre par un chenal d'une largeur moyenne et
« très-profond, connu sous le nom de *canal de Woodin*.

« Au nord de cette île est le groupe de *Morari*, dont la
« principale île est l'île *Bailly*, et non loin de là est un îlot
« élevé, auquel la présence de quelques mines de houille a
« fait une réputation qu'il est loin de mériter.

« A l'entrée de Port-de-France, dont elle forme la rade,
« est l'île *Nu* ou *Dubouzet*, longue de 3 milles environ;
« elle a quelques sommets assez boisés; elle renferme d'ex-
« cellents pâturages, et, chose bien précieuse dans cette
« partie de la Nouvelle-Calédonie, une source d'eaux vives qui
« ne tarissent jamais.

« En s'avançant toujours vers le nord, l'on rencontre,
« avant d'arriver à St.-Vincent, quelques îlots sans impor-
« tance, élevés seulement de quelques mètres au-dessus de
« l'eau et couverts d'une faible végétation.

« Au-dessus de ces îlots, on trouve les îles qui forment le
« mouillage de St.-Vincent; trois, les îles *Ducos*, *Hugon* et
« *Leprédour*, ont une certaine étendue; mais la première
« l'emporte de beaucoup sur les deux autres par sa beauté,
« sa grandeur et sa fertilité; elle possède d'excellents bois

« dans sa partie montagneuse, un petit port dont le mouillage
« est excellent et un ruisseau dont les eaux forment, au
« centre de l'île, un étang peu profond.

« Au-delà de ce point jusqu'à *Uraï*, l'on ne rencontre que
« quelques îles de peu d'importance, telles que *Togni, Scée,*
« *Nui,* etc., etc., qui, presque toutes, sont dépourvues d'eau.

« (1) A environ quinze lieues dans l'est de la Nouvelle-
« Calédonie, le groupe des îles Loyalty s'étend du sud-est au
« nord-ouest, entre les parallèles de 20° 10′ et 21° 40′ de
« latitude sud et entre les méridiens 163° 50′ et 165° 50′ à
« l'est du méridien de Paris. Ce groupe se compose de trois
« îles principales, qui sont habitées, et de nombreux îlots. Les
« trois îles principales, placées à une distance moyenne de
« sept lieues environ les unes des autres, sont, en allant du
« sud-est au nord-est, *Maré* ou *Nengoné*, *Lifu* et *Uvéa ;* ce
« sont les noms que leur ont donné les naturels et par les-
« quels les navigateurs de ces régions remplacent les appel-
« lations de *Brittania, Chabrol* et *Halgan.*

« Vues de loin, les îles *Loyalty* se présentent comme une
« suite de plateaux isolés, presque de même niveau, et
« s'élevant peu au-dessus de la mer. Je ne crois pas qu'on
« trouve un point dépassant 60 ou 80 mètres d'élévation. Le
« rivage, presque partout escarpé, est à pic au-dessus de
« l'eau, rarement coupé par de petites plages de sable, ex-
« cepté dans les endroits où les rochers sous-marins ont servi
« de base aux polypiers pour élever jusqu'à la surface leurs
« dangereuses constructions ; l'eau est profonde tout près du
« rivage : aussi n'y a-t-il que quelques rares mouillages trop
« près de terre pour que les navires y soient en sûreté.

« La constitution de ces îles, celle de Lifu surtout, rap-

---

(1) Les détails suivants, sur les îles Loyalty, sont empruntés au travail de M. Jouan.

« pelle celle de quelques îlots voisins de Tahiti. Le sol est
« un carbonate de chaux, tantôt semé de sables calcaires,
« tantôt hérissé de blocs redressés ; ce calcaire grossier a été
« perforé par l'eau de manière à avoir à la surface l'aspect
« de rochers madréporiques ; mais ce n'est qu'un calcaire
« coquillier où l'on trouve des bivalves pétrifiées et, çà et là,
« de rares madrepores empâtés dans la masse et dans les
« fissures (1). A Lifu, l'horizontalité des couches est assez
« bien gardée ; à Uvéa, surtout dans la partie nord, le ni-
« veau est souvent interrompu, le sol est disloqué comme
« s'il avait été soumis à de fortes secousses de tremblements
« de terre. L'eau potable manque presque entièrement, celle
« qu'on peut se procurer au moyen de puits est toujours
« plus ou moins saumâtre ou a un goût calcaire. A Uvéa,
« nous avons visité une espèce de lac qui occupe le fond
« d'une dépression circulaire dont les bords, taillés à pic,
« sont remarquables ; l'eau, très-profonde, au dire des na-
« turels, a absolument le goût de l'eau de mer. Près de la
« Mission catholique de la *baie du Sandal*, à Lifu, on trouve
« toujours de bonne eau dans un puits naturel situé au fond
« d'un précipice, où l'on est obligé de descendre avec des
« échelles et des cordes et en s'aidant des racines des arbres
« qui poussent sur les parois. Nous avons remarqué, dans
« nos promenades sur cette île, que souvent le sol sonnait
« creux sous nos pieds ; il est probable qu'alors nous pas-
« sions au-dessus de quelque grotte souterraine, semblable
« à celle que nous avions visitée auprès de la demeure des
« missionnaires, et où l'on voit les plus beaux exemples d'in-

(1) Ce calcaire est d'origine toute récente, et d'après des échantillons
recueillis par M. Jouan et que j'ai eu l'occasion d'observer avec lui au
musée de Cherbourg, il est, en tout, semblable à celui de l'île des
Pins, de l'île Alcmène et d'un grand nombre d'autres points de la Nouvelle-Calédonie.

« filtrations et de concrétions calcaires (1) : statues, colon-
« nettes, arbres et fleurs de pierre, etc., etc.

« D'après l'aspect de Maré, où je n'ai point abordé, tout
« me porte à croire qu'elle ne doit point différer des autres
• dans sa constitution.

« Uvéa est une bande étroite de calcaire, légèrement con-
« vexe du côté de l'est, qui s'étend du sud sud-ouest au
« nord nord-est, sur une longueur de 23 milles et une lar-
« geur moyenne de 2, sauf dans la partie du nord qui a près
« de 8 milles de large. A l'ouest d'Uvéa, une série d'îlots,
« dont quelques-uns ont des formes bizarres et que d'Urville
« a appelés les *Pléïades*, circonscrivent un lagon de 4 à
« 5 lieues de diamètre, dans lequel quelques passages entre
« les îlots donnent accès ; le fond, dans l'intérieur de ce
« bassin, est un plateau de sable blanc mêlé de produits co-
« ralligènes dont la pente est insensible. »

Topographie.

J'extrais également les lignes suivantes du même travail
de MM. Émile Deplanches et Vieillard :

« Le sol de la Nouvelle-Calédonie est essentiellement mon-

(1) D'après ces quelques lignes, tout porte à croire que le sous-sol
des îles Loyalty est sillonné de profondes crevasses en forme de cavernes
tout-à-fait analogues à celles où l'on a trouvé tant de débris de la période diluvienne ; il est très-raisonnable de croire que les cavernes calédoniennes renferment également, dans leur sous-sol, des ossements
de cette nature. Il serait du plus haut intérêt scientifique de faire des
fouilles dans ces grottes, et tout porte à croire que l'on trouverait ainsi
les restes des animaux qui ont peuplé ces îles avant ou au commencement de l'arrivée de l'homme sur la terre ; cela est d'autant plus vrai-
semblable que de pareilles découvertes ont été faites en Australie, dont
la constitution géologique a tant de points de ressemblance avec celle
de la Nouvelle-Calédonie.

« tagueux ; l'île entière est traversée par une longue chaîne
« de montagnes, qui offrent ce caractère tout particulier, de
« paraître superposées les unes aux autres. Les sommets de
« cette chaîne ne dépassent pas 1,500 mètres et semblent se
« confondre en une seule arête. Mais cette arête se bifurque
« dans le nord de manière à former deux branches, dont
« l'une se dirige vers le nord-est et l'autre vient aboutir à
« la pointe nord-ouest, enclavant ainsi entr'elles l'immense
« et fertile vallée de Coco. Dans le sud, elle donne naissance
« à de nombreux chaînons, desquels s'élancent des rameaux
« secondaires qui viennent mourir à une certaine distance de
« la côte et dont quelques-uns laissent entr'eux de spacieuses
« vallées couvertes de la plus riche végétation. Les pentes de
« ces montagnes sont généralement assez douces ; les vallées,
« même les plus élevées, sont arrosées par une multitude de
« ruisseaux qui rendent la culture possible, même à plusieurs
« centaines de mètres. Les hauts sommets sont généralement
« arides et dépouillés.

« Dans un grand nombre de localités, entre la base des
« montagnes et la côte, l'on rencontre fréquemment des li-
« sières dont l'étendue varie de 1 à 10 kilomètres. Ces
« plaines, formées de terre d'alluvion d'une grande fertilité,
« sont défendues contre les envahissements de la mer, et
« voilées pour ainsi dire par un réseau de palétuviers, aux-
« quels certains explorateurs ont donné le nom de marais.

« Quelques voyageurs ont prétendu que la chaîne centrale
« néo-calédonienne était double. Cette question difficile à ré-
« soudre dans l'état actuel des connaissances sur ce pays,
« nous semble, du moins pour une partie, un fait assez pro-
« bable.

« L'aspect de la Nouvelle-Calédonie est, au premier abord,
« des moins séduisants... La nature y a éprouvé de violentes
« convulsions dont le sol offre des traces à chaque pas. L'on

« y retrouve les cratères de volcans éteints ; mais jusqu'ici,
« à l'exception du volcan Mathew, éloigné de 25 à 30 lieues,
« l'on n'en a point encore découvert qui fussent en activité.

« Le peu de largeur de la Nouvelle-Calédonie s'opposant
« à la formation de grands cours d'eau, il n'y a pas de ri-
« vières très-considérables. Les plus importantes sont : la
« rivière du Coco, Diahot-des-Français, qui arrose la su-
« perbe et fertile vallée de ce nom. Cette rivière, que nous
« avons vue à sa source et à son embouchure, n'a pas un
« cours de plus de 40 milles ; le flux s'y fait sentir, de ma-
« nière qu'on peut la remonter jusqu'à 27 milles avec des
« embarcations et des chalands, c'est-à-dire dans toute
« l'étendue de la vallée. Son embouchure, située au nord,
« entre la pointe de Tiari et d'Aranca, est large de 2 lieues
« environ ; au milieu, est située la petite île de *Pam,* dont
« une des anses, dite port du Prony, offre un mouillage très-
« sûr pendant huit mois de l'année pour les bâtiments d'un
« faible tonnage.

« Deux cours d'eau, presque aussi considérables que le
« précédent, arrosent la fertile plaine de Tuo ; vient ensuite
« celui de Kanala, dont les eaux se déversent dans la baie de
« ce nom, à laquelle sa ceinture de hautes montagnes boisées
« donne un aspect des plus grandioses ; au-dessus de Tuo,
« se trouve la rivière de Jaté ou le Nuanro, dont le cours est
« obstrué par de nombreuses cascades.

« De ce point, pour trouver des cours d'eau assez consi-
« dérables, il faut passer sur la côte occidentale, où l'on
« rencontre la rivière de Ndumbéa, ou grande rivière, celles
« qui arrosent la baie de St.-Vincent, enfin la rivière d'Uraï,
« toutes navigables pour les embarcations, seulement à la
« haute mer. »

Géologie.

Nous n'avons que très-peu de données sur la géologie de la Nouvelle-Calédonie : aussi je pense qu'il ne sera pas inutile de rappeler ici les lignes suivantes, extraites de l'article si intéressant inséré par le R. P. Montrouzier, dans le numéro d'avril 1860 de la *Revue algérienne et coloniale :*

« La Nouvelle-Calédonie est traversée, dans sa longueur,
« par une chaîne principale, ordinairement rapprochée de
« la côte est. Cette chaîne est formée, dans le sud, par
« des serpentines et autres silicates magnésiens qui s'éten-
« dent du cap de la Reine-Charlotte à Uailu et dont les
« profondes échancrures forment les ports de Jaté, Port-
« Bouqué, Nekété, Kanala, Kuaua et Uailu. Au nord de
« Uailu, apparaissent les schistes argileux et ardoisés; ils
« occupent la côte jusqu'à Puepo, où ils sont remplacés in-
« sensiblement par les gneiss et les micaschistes, riches en
« grenats qui composent presque exclusivement le versant
« nord-est de Balade ; jusqu'à l'embouchure du Diaot, les
« schistes ardoisés ne se montrent plus que de loin en loin,
« au pied des montagnes et dans le fond des vallées.

« Sur un seul point de la côte, de Hiengen à Tuo, au-
« dessus des schistes argileux, apparaissent des calcaires gri-
« sâtres, cristallins, traversés par des filons de quartz, et
« dont les couches sont plissées, comme satinées, presque
« verticales. Malgré l'absence des fossiles, les caractères
« physiques, la position et les analogies avec les roches silu-
« riennes de la Nouvelle-Hollande permettent évidemment
« de les ranger dans cette formation.

« Ainsi, le versant nord-est ne présente que des roches
« plutoniques ou de transition. Les côtes sont plus abruptes. Il
« n'existe pas d'autres plaines que les deltas, souvent consi-

« dérables, formés par les torrents, dépôts absolument récents
« dont la formation se continue sous nos yeux.

« L'intérieur et la côte sud-ouest sont moins connus et offrent
« certainement plus d'intérêt. Après avoir quitté les mica-
« schistes sur le versant sud-ouest des montagnes de Balade,
« nous trouvons une deuxième série de schistes ardoisiers
« formant le bassin du Diaot. Ils sont traversés en tous sens,
« de même que les micaschistes, par des filons de quartz et
« de roches magnésiennes, surtout des stéatites. Plus loin, se
« présentent des couches épaisses d'argiles blanchâtres,
« tachées d'ocre, des collines calcaires, des grès houillers
« avec traces de houille, et enfin deux séries de collines
« d'un calcaire dur, blanchâtre, non cristallin, entremêlé de
« filons de chaux spathique et de quartz blanc-laiteux.

« Au sud, à *Jaté*, au-dessus des serpentines qui forment
« la chaîne principale, près de la côte nord-est, nous trouvons
« des argiles rouges contenant en abondance du fer à l'état de
« limonite, des calcaires probablement métamorphiques,
« un bassin étendu des mêmes argiles rouges avec minerai
« de fer, des argiles de couleurs diverses, traversées par des
« pegmatites dont la décomposition forme un kaolin quel-
« quefois pur, plus souvent taché par l'oxyde de fer. La
« serpentine apparaît de nouveau, formant le *Mont-d'Or*, et
« enfin les terrains houillers se montrent sur le rivage de
« *Morari* et dans les îlots voisins. Les calcaires reparaissent
« sur quelques points avancés, tels que l'extrémité du cap
« sur lequel *Port-de-France* est bâti.

« Ces quelques lignes, trop générales, suffisent pour mon-
« trer aux personnes qui connaissent un peu l'Australie
« l'analogie qui existe entre la Nouvelle-Calédonie et cette
« grande terre, dont elle n'est pour ainsi dire que la répéti-
« tion en petit et en sens inverse. Ainsi, partant de la côte
« nord-est de la Nouvelle-Calédonie, nous trouvons les terrains

« siluriens associés aux serpentines, puis les terrains houil-
« lers. Sur la côte est de la Nouvelle-Hollande, nous trou-
« vons les terrains houillers, puis les terrains siluriens asso-
« ciés de même aux serpentines et traversés, comme ceux
« de Balade, par des filons de quartz qui forment les mines
« sèches *(dry diggins)* de l'Australie, et dont les débris
« constituent les alluvions de la Nouvelle-Galles du Sud et
« du voisinage de Melbourne, alluvions si riches en métaux
« précieux.

« Cette analogie devait faire soupçonner l'existence de l'or
« dans les quartz qui traversent les roches siluriennes de la
« Nouvelle-Calédonie, surtout à Hiengen, Tao, Puepo et
« Balade. Hâtons-nous d'ajouter que nous ne connaissons
« aucun fait certain (1) qui soit venu à l'appui de cette
« induction. Nous croyons pouvoir assurer que l'enthou-
« siasme a fait prendre du sulfure de fer pour de l'or ; que
« la mauvaise foi ou d'autres motifs peu honorables ont fait
« donner comme trouvé en Nouvelle-Calédonie de l'or
« apporté d'Australie ; enfin, qu'il n'y a eu qu'un cas où
« l'erreur a pu être un instant justifiable.

« Un autre trait de la constitution géologique de l'île,
« c'est l'étendue probable des terrains houillers qui se trou-
« vent, des pieds du Mont-d'Or au sud, jusqu'à Kumak,
« presque à l'extrémité nord. Tout fait espérer que des
« recherches seront plus fructueuses encore dans le nord-

(1) Depuis la publication du travail du R. P. Montrouzier, on sait
qu'il a été trouvé de l'or en quantité très-notable, en tout semblable à
celui de la Nouvelle-Hollande ; découverte qui ajoute aux richesses
minérales de la Nouvelle-Calédonie un intérêt non-seulement indus-
triel, mais encore scientifique, puisque cela confirme l'analogie extrême
qui existe entre ces deux contrées, qui, à une époque reculée et sans
doute bien avant l'apparition de l'homme, ont dû faire partie d'un
seul tout.

« ouest où la formation, occupant le centre de l'île, acquiert
« un plus grand développement.

« On doit ajouter à ces deux éléments de richesse future
« les minerais de fer carbonaté et oxydulé si abondants dans
« le sud et presque en contact avec les houilles de Morari.
« L'évêque d'Amata a, en outre, emporté en France, en
« 1846, des échantillons trouvés du côté de Kumak, et les
« minéralogistes ont reconnu que c'étaient des carbonates de
« cuivre.

« Dans un autre ordre, des schistes siluriens offrent, sur
« plusieurs points, des ardoises de bonne qualité. Les mis-
« sionnaires de Tiuaka en ont couvert leur établissement.
« Elles ont été grossièrement divisées par les indigènes ;
« mais le résultat obtenu indique qu'un bon ouvrier pour-
« rait en tirer un excellent parti.

« Les terres à briques, les argiles figulines abondent dans
« toute l'île ; les kaolins du Sud ne sont pas sans impor-
« tance. Des grès calcaires récents ont fourni aux mission-
« naires de l'île des Pins des pierres de taille solides et
« faciles à travailler. Des variétés molles de serpentine ont
« été employées avec avantage dans le même but par ceux
« de Tiuaka. Les grès houillers et les calcaires qui reposent
« au-dessus offrent aussi de bons matériaux de construction :
« ressource d'autant plus précieuse que les coraux qui crois-
« sent près des rivages, et les palétuviers qui bordent ces
« derniers, assurent aux colons une quantité indéfinie de
« chaux de bonne qualité et à bas prix.

« Au milieu de ces richesses minérales, auxquelles nous
« devons ajouter au moins deux sources thermales, dont
« l'une est sulfureuse, les indigènes, paresseux, impré-
« voyants, dégradés, ne se font presque aucune ressource.
« Les argiles quartzeuses dans le nord, les kaolins impurs
« dans le sud, leur servent à fabriquer des marmites gros-

« sières qu'ils cuisent en plein air dans un brasier de menu
« bois et vernissent parfois avec la gomme-résine d'un dam-
« mara : c'est un des travaux réservés aux femmes. Les ocres
« rouges leur servent à peindre les sculptures de leurs
« maisons. Les serpentines dures leur fournissaient, il y a
« plus de quinze ans, les seuls instruments de charpen-
« tage dont ils faisaient usage et leur fournissent encore
« des casse-tête de pierre (*buat padi*), dont les chefs se
« font présent dans les occasions les plus solennelles. Les
« stéatites et les calcaires durs sont taillés en pierres ovales,
« pointues aux deux extrémités, pour leurs frondes. Enfin des
« stéatites molles, friables, quelquefois onctueuses, sont
« mangées en très-petite quantité, plutôt comme friandise
« que comme aliment. »

J'ajouterai à ces renseignements les indications suivantes,
qui m'ont été fournies par M. Jouan, dans une lettre qu'il a
bien voulu m'adresser :

« Au mois de juin dernier, on a trouvé de l'or en assez
« grande quantité du côté de *Puebo* (côte nord-est de la Nou-
« velle-Calédonie) (1). Quant au charbon de terre, tous les
« rapports s'accordent à dire qu'il y en a beaucoup ; mais,
« jusqu'à présent, les recherches ont eu peu de succès. Celui
« du pied du Mont-d'Or n'est qu'un petit affleurement : la
« mine semble se perdre dans la mer, et par conséquent l'ex-
« ploitation en serait au moins fort difficile ; du reste, aucune
« entreprise sérieuse n'a encore été tentée.
« M. Lecomte, capitaine de vaisseau de notre marine, a
« naufragé en 1846 à Balade, avec la corvette la *Senié* ; il a

_____
(1) Nous renvoyons, pour plus de détails, à l'article du *Moniteur
de la Flotte*, numéro du 15 septembre 1863.

« séjourné pendant plusieurs mois sur ce point. Voici ce
« qu'il dit dans les *Mémoires pittoresques d'un officier de
« marine*, Brest, 1851 :

« La Nouvelle-Calédonie a tous les caractères d'une terre
« primitive : aucune trace de volcan ne paraît y exister ; le
« terrain y forme partout des couches régulières qui, en gé-
« néral, font un angle peu incliné avec l'horizon. Le sol,
« fort accidenté, est couvert, en général, sur les montagnes
« et les versants, de blocs et de fragments de quartz d'une
« grande blancheur et de morceaux de cristal de roche ; on
« trouve quelquefois des pierres calcaires, parmi lesquelles
« se voit de beau marbre blanc.

« Les premières couches de terrain sont sablonneuses,
« d'une couleur rouge foncé, remplies de petites parcelles de
« mica ; parfois on trouve du talc ainsi que des jaspes d'un
« assez beau vert ; quelquefois, mais plus rarement, on
« trouve le terrain d'un gris-argenté, compacte, mais très-
« friable ; on rencontre quelques cristallisations minérales de
« fer, de cuivre et de plomb, ainsi que des carrières d'ar-
« doises et un sol tout schisteux, qui donnerait lieu de
« croire qu'il pourrait s'y rencontrer de la houille. »

Quoique fort intéressants, puisqu'ils ont trait à une contrée très-éloignée et qui ne fait que commencer à être connue
sous le rapport scientifique, ces renseignements sont, comme
on le voit, bien loin d'être complets ; ce que j'ai à ajouter est
également peu de chose, puisqu'il n'a trait qu'à un certain
nombre de roches recueillies, pour ainsi dire, en passant.
Toutefois, les échantillons récoltés à l'île Hugon par M. Deplanches ont un intérêt tout particulier, puisqu'ils montrent
la grande analogie existant entre les terrains de cette île et
ceux des autres grandes régions australiennes, telles que la
Nouvelle-Zélande et la Nouvelle-Hollande, où l'on a signalé
aussi tout récemment des roches triasiques identiques.

En somme, le peu que l'on connaît de la géologie de notre colonie prouve, par la variété des roches métamorphiques anciennes (granite, porphyre, diorites, serpentines, spilites, etc.), que ce sol est d'origine très-ancienne et qu'il a été dès le principe élevé au-dessus du niveau des eaux ; les roches siluriennes, carbonifères et triasiques, qui y sont maintenant bien connues, prouvent également que ce pays a été exondé long-temps avant l'époque actuelle, et que nous ne voyons en ce moment que le squelette lui-même d'une contrée autrefois plus étendue, représenté par les arêtes montagneuses les plus élevées. Les îles Loyalty, alignées suivant une ligne parallèle à l'axe de la Nouvelle-Calédonie, sont probablement les sommités d'une chaîne secondaire moins élevée que celles qui donnent son relief actuel à la Grande-Terre.

On n'a pas signalé jusqu'ici de dépôts crétacés ou tertiaires. Si ces dépôts n'existent pas dans le pays, ce fait viendrait corroborer nos prévisions et prouver que le sol s'est affaissé depuis la période jurassique, et que les affleurements du rivage de ces époques sont maintenant sous l'eau. La Nouvelle-Calédonie serait, dans ce cas, les restes d'une terre plus étendue pendant les périodes qui ont précédé l'apparition de l'homme sur notre planète.

II. CATALOGUE, PAR RÉGIONS, DES ROCHES RECUEILLIES PAR MM. JOUAN ET ÉMILE DEPLANCHES.

Grande-Terre.

Aux renseignements qu'on trouvera au commencement de cette note, et dont la plupart sont extraits du travail du R. P. Montrouzier, voici ce que j'ai pu ajouter d'après M. Jouan :

Dans toute la partie sud de la Nouvelle-Calédonie, abondent des minerais de fer limonite analogues à ceux de l'île des Pins.

Le Mont-d'Or est entièrement formé de serpentine, dont on peut voir des échantillons au musée de Cherbourg.

A St.-Louis, au pied du Mont-d'Or, le sol est formé par une sorte de granite à petits grains, composé de feldspath blanc avec un petit nombre de grains de quartz, de nombreux petits cristaux de mica et quelques-uns d'amphibole.

A Kanala, on trouve de magnifiques serpentines d'un beau vert et deux variétés d'eurite, pétrosilex gris et rougeâtre. Des échantillons de ces diverses roches, recueillis par M. Jouan, se voient au musée de Cherbourg. M. Jouan a également rapporté une brèche à pâte calcaire, avec nombreux galets de quartz jaune, noir et gris ; cette brèche est magnifique, et, si elle existe en quantité suffisante, elle pourrait servir avantageusement pour l'ornementation.

Au fond de la baie du Sud, existe une source thermale sulfureuse qui produit des incrustations tout-à-fait semblables à celles de la fontaine Stᵉ.-Allyre et donne lieu à un dépôt de tuf. C'est, sans doute, à des actions semblables que sont dus les dépôts de ces calcaires modernes qui se font dans la mer, tout autour de la Nouvelle-Calédonie, ainsi que dans la plupart des îles, telles que les Loyalty, l'île des Pins, etc.

Les environs de Port-de-France doivent être fort intéressants à étudier au point de vue géologique ; en effet, les roches recueillies aux environs de cette ville, siége du gouvernement et capitale de la colonie, appartiennent à des formations ignées et sédimentaires. Plusieurs exploitations ont entamé un calcaire compacte à grains fins, tantôt gris pâle ou gris de fumée, tantôt rouge, à cassure esquilleuse, qui m'a rappelé certains calcaires carbonifères (1). Le même calcaire se re-

____

(1) Il y a lieu de s'étonner qu'on soit allé, dans le principe, chercher à grands frais du calcaire à Sidney, tandis que cette précieuse ressource

trouve dans une petite île de la rade de Port-de-France, l'île aux Lapins. M. Deplanches a recueilli également, dans les environs, deux échantillons d'un autre calcaire gris, beaucoup moins dur que le premier, à cassure terne, rappelant d'aspect le muschelkalk ou même le zechstein. Dans l'un de ces échantillons, j'ai trouvé deux corps d'un noir brillant vernissé, en forme de losange irrégulier, qui m'ont paru devoir être rapportés à des écailles de poisson. Il existe également, en ce point, de grandes masses d'une roche éruptive noirâtre, qui m'a paru être un mélaphyre. Cette roche est d'une structure très-singulière : au lieu de se diviser en masses irrégulières ou par colonnes prismatiques comme les basaltes, elle se divise par boules ovoïdes, grosses comme les deux poings et formées de couches concentriques, emboîtées les unes dans les autres comme des cornets de papier. L'aspect général de la masse, m'a dit Deplanches, est très-singulier, et rappelle les piles de boulets qu'on voit dans nos parcs d'artillerie.

Enfin Deplanches a rapporté du cap St.-Vincent, également sur la Grande-Terre, une sorte de grawacke noirâtre, à grain fin et toute pétrie de bivalves indéterminables, dont le test gris-bleuâtre fait effervescence avec les acides ; l'une de ces coquilles ressemblait d'aspect à une *Myophoria*, et j'avais cru devoir tout d'abord rapporter cette roche au trias ; mais, depuis, j'ai dû regarder cette détermination comme au moins prématurée. Ces coquilles, dont j'ai isolé un certain nombre, en brisant une portion de la roche, sont en effet complètement indéterminables.

Dans les mêmes environs, Deplanches a recueilli une portion de tronc d'un assez gros Calamite. Je ne puis tirer

abonde, sous divers états, dans un grand nombre de points : d'excellentes ardoises, de magnifiques roches, d'origine ignée, pouvant servir comme pierres dures, y existent également, et il est très-probable que l'on y trouvera également du gypse.

grand parti de ces données pour la détermination de ces divers terrains ; mais il est hors de doute qu'il y existe plusieurs formations, et qu'une étude géologique sérieuse de cette partie de l'île donnerait des résultats fort importants, et pour la science et pour l'industrie.

Voici le catalogue de ces roches de la Grande-Terre, qui m'ont été remises par MM. Jouan et Émile Deplanches :

1. Granite amphibolique passant à la protogyne. Rivière St.-Louis, au pied du Mont-d'Or. Deux échantillons recueillis par M. Jouan, dont le plus grand au musée de Cherbourg.

2. Mélaphyre en boule ovoïde, à couches concentriques, se détachant par le choc. Port-de-France. Trois échantillons, dont l'un fait partie de la collection de la Sorbonne et un autre du musée de Cherbourg.

3-4. Grawacke à grains fins, presque homogène, avec bivalves nombreux indéterminables, dont le test gris-bleuâtre conservé fait effervescence avec les acides. Cap St.-Vincent. Deux échantillons.

5. Calcaire gris de fumée, à cassure terne, avec *Pecten* indéterminable et écailles de poisson. Recueilli à Port-de-France par E. Deplanches.

6. Portion de tige de Calamite un peu écrasée, de 12 millimètres environ de diamètre. Grande-Terre, localité inconnue.

7. Calcaire compacte, à cassure esquilleuse, rappelant le calcaire lithographique de Solenhofen. Un échantillon, provenant de Port-de-France, carrière de l'Artillerie, m'a été remis par M. Jouan ; d'autres existent au musée de Cherbourg.

8-9. Silicate de magnésie hydraté (écume de mer ou magnésite) pouvant être employé avec avantage, si l'on parvenait à trouver des échantillons plus purs. Grande-Terre, localité inconnue.

10. Calcaire gréseux avec veinules de talc schistoïde ou diallage, avec cette note : *Roche au-dessous du corail, sur les bords de la mer.*

11. Calcaire érodé et carié par les agents atmosphériques, renfermant un polypier indéterminable spathisé, avec cette note : *Calcaire érodé moderne, avec les coraux, miné par la mer, qui lui donne la couleur et la forme de champignons.* Cette roche est en tout semblable et dépend, ainsi que la précédente, du calcaire moderne qui entoure toute la colonie, et ne diffère point de celui dont nous parlerons bientôt comme formant une grande partie du sous-sol de l'île des Pins.

12. Roche serpentineuse noire, homogène, taillée en petits blocs ovoïdes, pointus aux deux extrémités, et dont les naturels se servent comme de projectiles pour la fronde. Une dixaine d'échantillons.

13. Projectiles de même forme et servant aux mêmes usages, mais de couleur grise, avec points et veinules blanchâtres. Quatre ou cinq échantillons.

Iles de Nui et Icié ou Uraï.

Le sol de ces îles paraît entièrement formé d'un calcaire moderne, semblable à celui de la Grande-Terre et de l'île des Pins, et qui pourrait également servir comme pierre de construction et comme pierre à chaux.

14. Calcaire compacte jaunâtre, à grain visible à l'œil nu.

15-17. Même calcaire, mais à grains plus gros ; le dernier d'une couleur un peu plus rougeâtre.

18. Calcaire compacte blanc-jaunâtre sale, très-dur, un peu caverneux, à cavités tapissées de petits cristaux ; partie supérieure cariée. Ce morceau a été corrodé par la mer, c'est la pointe d'un rocher.

Ile des Pins.

L'île des Pins, *Kunié* des indigènes, est située au sud-est
de la Nouvelle-Calédonie, ainsi que nous l'avons dit au commencement de cette notice. En partie d'origine ignée, surtout
dans sa partie méridionale, elle est dominée par une montagne, le pic Nga, haute de 266 mètres. D'après les échantillons recueillis par Deplanches, plusieurs roches en forment
le squelette ; en effet, parmi ces roches, dont la plupart
appartiennent au pic et aux chaînons environnants, j'ai reconnu des porphyres euritiques et argileux, des amphibolites,
des spilites et surtout des serpentines renfermant parfois
d'assez gros cristaux de diallage. La réunion d'éléments de
nature si différente, sur ce petit espace, prouve que ce
point a été soumis, à plusieurs reprises, à des actions dont il
serait du plus haut intérêt scientifique de constater la succession, en prenant des coupes exactes et en étudiant la
manière dont ces différentes roches se comportent et se sont
injectées les unes dans les autres.

D'après leur inspection, on peut regarder comme certain
que la formation de l'île des Pins n'est pas due à une action
volcanique récente, mais à des mouvements du sol relati-
vement anciens, qui ont eu leur effet avant l'apparition de
l'homme, car on n'y trouve ni basaltes, ni trachytes, encore moins des laves ou autres produits volcaniques de
l'époque actuelle.

Le reste de l'île des Pins, surtout la partie septentrionale,
est beaucoup plus basse et formée en totalité par un calcaire
récent très résistant, quelquefois compacte, d'autres fois légèrement caverneux ou même carié, où l'on trouve des
coquilles marines identiques à celles qui vivent encore
actuellement sur cette côte. Ce calcaire fournit d'excellente

pierre de taille , avec laquelle on a bâti l'église de la Nouvelle-Calédonie. Il ressemble beaucoup, d'aspect, à certaines
variétés du calcaire pisolitique des environs de Paris. A la
partie supérieure, le calcaire est moins cohérent, il est souvent tachant et a quelque ressemblance avec la craie de
Maëstricht ; il renferme, en grande quantité , les coquilles
marines qui vivent actuellement dans les eaux environnantes,
et dont la plupart conservent encore leurs couleurs, plus ou
moins altérées. En haut on rencontre, suivant M. Deplanches,
un mélange de coquilles marines et terrestres ; et , tout-à-
fait à la sommité , il n'y a plus que des coquilles terrestres,
entre autres ces gros Bulimes particuliers à la Nouvelle-
Calédonie.

Cette formation , évidemment coralligène , est en tout
semblable à celle qu'on rencontre au pourtour de la Grande-
Terre et dans un grand nombre des petites îles environnantes , entr'autres celles qui sont une dépendance directe
de l'île des Pins , telle que l'île Alcmène. C'est encore
un dépôt semblable qui forme les îles Loyalty , et dont j'ai
vu au musée de Cherbourg des échantillons recueillis par
M. Jouan.

Ce calcaire se forme avec une grande rapidité ; ainsi ,
M. Deplanches, ayant placé de grands os longs dans ce dépôt,
a vu , au bout de quelques mois , les portions exposées à
l'air diminuer de plus en plus, et au bout d'une année, ils
étaient entièrement disparus.

Sur les flancs des collines et dans les plaines, on trouve
des argiles jaunâtres et rougeâtres et des minerais de fer, qui
abondent également dans toute la partie méridionale de la
Grande-Terre.

Les roches recueillies dans cette île par M. Deplanches sont
les suivantes :

19. Calcaire compacte avec débris de fossiles marins très-

altérés, avec cette indication : *Roches de sable au niveau de la mer employées, dans diverses localités, par les RR. PP. comme pierres à bâtir. Ile des Pins. On s'en est servi pour bâtir l'église.* Un morceau exactement semblable, et recueilli également par M. Deplanches, fait partie de la collection de la Sorbonne, sous le n°. 62-26.

20. Calcaire compacte à grains visibles, de couleur gris-jaunâtre, avec de petites cavités remplies d'argile ocreuse, un peu carié à sa surface libre, portant cette note : *Roche sous les coraux, enlevée d'une petite croûte qui se détache du plateau et se dirige en haut.*

21. Calcaire gréseux, carié, d'apparence scoriforme, d'un rouge-brun, avec cette note : *Roche formant la partie sous-jacente à celle qui sépare le plateau du petit chaînon.*

22. Calcaire caverneux, de couleur blanchâtre, à cellulosités petites, à surface libre cariée par les agents atmosphériques, avec cette note : *Chaînon détaché du plateau, direction sud-est; bloc à la base de ce chaînon. Hauteur,* 9 *à 10 mètres.*

23. Calcaire caverneux, avec cellulosités remplies d'argile ocreuse, avec cette indication : *Couche sous-jacente aux coraux.*

24. Calcaire compacte, caverneux, à cellulosités vides. Paraît avoir séjourné dans la mer.

25. Calcaire compacte, gréseux, empâtant une astrée, avec cette note : *Caillou pris au bas du Pic, partie sud-est sur le bord de la mer.*

26. Fragment en tout semblable au précédent, avec cette note : *Couche de corail au-dessus de la couche de la partie sud-est du torrent du Pic.*

Ces échantillons proviennent tous de la couche inférieure du calcaire récent, et dont la densité est beaucoup plus grande que celle de la partie supérieure; il est évident que ce calcaire a été, dans le principe, formé d'un falun semblable à celui de la partie supérieure, lequel a été pénétré par des eaux chargées de carbonate de chaux en dissolution, qui a peu à peu comblé les interstices de la roche; il est facile de comprendre alors comment la partie inférieure du dépôt, soumise pendant long-temps à ces influences, est beaucoup plus dure que la partie supérieure.

12. Sable calcaire, formé par l'agrégation de détritus de coquilles marines et de petits cailloux arrondis, agglutinés et cimentés légèrement par un suc calcaire, ayant un aspect tout-à-fait semblable à certains faluns de la Touraine ou du calcaire grossier des environs de Paris, tel que celui qu'on observe, par exemple, à Fercourt, à Parnes, etc. — Collection de la Sorbonne, sous le n°. 62-27.

13. Chaux carbonatée lamellaire, demi-transparente, d'un blanc-jaunâtre, probablement extraite d'un filon, avec cette note : *Couche de peu d'épaisseur dans la marne.*

14. Chaux carbonatée laminaire, à grandes lames demi-transparentes, blanc-jaunâtre, extraite probablement d'un filon, avec cette note : *Bloc du petit chaînon calcaire.*

15-18. Roches de calcaire moderne, très-peu cohérent, avec coquilles à test non spathisé et qui ont conservé en grande partie leurs couleurs.

19. Coquilles nombreuses, marines et terrestres, extraites de ce calcaire.

Les roches suivantes, recueillies sur les flancs des coteaux et dans la plaine intérieure, sont difficiles à classer, et on ne peut déterminer à quel ordre de terrain elles appartiennent; il est probable que la plupart sont dues à la décomposition de roches métamorphiques.

20. Roche quartzeuse, cariée, ressemblant à une meulière

d'un brun-jaunâtre, avec cette note: *Sur le flanc du chaînon,*
à l'entrée de la grotte.

Nota. — Si cette roche existe en quantité exploitable, elle
pourrait être très-utile et serait employée avec avantage
comme pierre meulière, par exemple pour les soubassements
d'édifices, les travaux de fortification, meules de moulin, etc.
Ce serait une ressource précieuse pour la colonie.

21. Roche décomposée, très-tendre, non effervescente
avec les acides, de couleur jaune sale, avec cette note: *Roche*
très-tendre, formant, par sa désagrégation, le sol végétal de
la pente du Pic.

22. Fer hydroxydé (limoneux) en petits amas irréguliers,
séparés par de l'argile ocreuse.

23. Roche altérée, compacte (grawacke homogène?), d'un
gris-jaunâtre, non effervescente avec les acides, rayée par la
pointe du burin, avec cette note : *Ile des Pins, partie sud-*
est du Pic; roche dure formant le fond du bassin.

24. Poudingue à pâte de calcaire gréseux et à nodules si-
liceux, avec cette note : *Chaînon, couche inférieure de*
la grotte située à 25 pieds au-dessous du sommet du
corail.

Les numéros suivants appartiennent à des roches ignées.

25. Roche porphyroïde, à pâte rude, avec points d'un
roux-brun et taches grisâtres, inégales, entamées par la pointe
du burin.

26. Porphyre argileux, à pâte gris foncé, rude au toucher,
à grains blancs-jaunâtres, peu nombreux, tendres.

27. La même roche avec des grains plus nombreux.

28. Amphibolite à cristaux noirs, avec cette note: *Couche*
de 1 centimètre à 1 mètre, passant à divers états, vis-à-vis
l'île Alcmène. On trouve la même roche plus dure, passant
près de la Mission. Cette couche, légèrement ondulée, se re-
lève quelquefois perpendiculairement, et dans ce cas est très-

mince. (C'est , sans doute, le résultat d'un filon dénudé.)

29. Asbeste dur, gris-blanchâtre, avec pâte amphibolique.

30. Euphotide altérée, avec diallage bronzite.

31. Serpentine avec diallage métalloïde.

32. Roche serpentineuse dure , d'un gris-noirâtre avec points blancs, formant filon dans une euphotide altérée, avec diallage bronzite, qui paraît la même que le n°. 30.

33. Roche serpentineuse, avec grandes lames de talc noir, avec cette note : *Couche épaisse de 77 centimètres.* — *Crête du Pic. Partie inférieure.*

34. Spilite à pâte gris foncé et à petits grains blancs.

35. Spilite à pâte gris-noirâtre et à petits grains très-nombreux.

Ile Hugon.

J'ai déjà dit que, parmi les échantillons recueillis par M. Deplanches, les plus importants, au point de vue scientifique, provenaient de l'île Hugon ; ils consistent principalement en un calcaire d'un facies tout particulier, contenant en immense quantité, une espèce de coquille bivalve (*Avicula*), si abondante qu'elle y forme lumachelle , et que la roche est, pour ainsi dire, formée de leurs valves empilées les unes au-dessus des autres.

Cette coquille, très-facile à reconnaître , ressemble tellement à l'*Avicula* (Monotis) *salinaria* de Goldfuss, qu'on a grand'peine à l'en distinguer ; toutefois les côtes paraissent être beaucoup plus fortes que dans l'espèce calédonienne ; les intervalles en sont plus grands, les côtes intermédiaires moins régulièrement disposées. Cette espèce se rapporte évidemment au *Monotis salinaria* , var. *Richemondiana* (Zittel).

Quoi qu'il en soit, la singulière association de cette coquille, par milliers d'échantillons, rappelle en tout point les roches si remarquables du trias supérieur (saliférien), tel qu'il se présente dans les Alpes, à Dorrenberg, où l'*Avicula salinaria* existe également par milliers d'échantillons ; et quoique l'apparence de la roche calédonienne, dont le facies rappelle la grawacke dévonienne, contraste avec les roches triasiques si connues de St.-Cassian, Hallstatt, Ausshée, etc., je n'hésite pas à regarder le calcaire de l'île Hugon comme appartenant à la série supérieure du trias, avec un caractère ANTIPODIAL, comme le dit M. Zittel.

Je me suis donc décidé à attirer l'attention sur cette coquille importante, et sur sa nouvelle localité. Mais si cette espèce y est très-répandue, par contre, les autres y paraissent très-rares ; ce sont : 1°. trois espèces de brachiopodes dont le facies rappelle également, quoique avec une taille quadruple ou quintuple, les formes de St.-Cassian ; 2°. deux gastéropodes, appartenant à la famille des Trochidées ; 3°. une *Astarte* de très-petite taille. J'ajouterai que j'ai retiré de ce calcaire trois morceaux assez considérables du tronc d'un arbre silicifié.

La roche se présente sous deux aspects : le premier, et celui du plus grand nombre des échantillons, est un calcaire d'un gris-jaunâtre, dur, peu homogène, et ressemblant parfois à un grès ; il fait avec les acides une vive effervescence qui s'arrête bientôt ; il laisse en résidu un dépôt considérable formant près des 5/6 du morceau dissous et paraissant formé, en grande partie, de silice et d'un peu d'argile. Il est formé d'une quantité énorme d'*Avicula Richemondiana* de diverses tailles, entremêlées les unes dans les autres, et disposées à plat. Ces coquilles sont presque toujours plus ou moins déformées ; il est évident qu'avant son durcissement, le calcaire a subi une pression assez forte, ayant déformé les fossiles : de plus, il a été soumis depuis à des actions chimiques dont l'influence a été très-variable, puisque, parmi les échantillons de calcaires, les uns montrent le test des coquilles intact, tandis que dans d'autres il a disparu et que les coquilles ne montrent plus que leurs moules.

Dans cette première variété de calcaire, je n'ai rencontré qu'une seule espèce, l'*Avicula Richemondiana*, répandue, il est vrai, par milliers d'échantillons (1). Une autre variété de calcaire se présente avec une structure moins serrée : il est plus grossier et est uniquement formé de débris de coquilles triturées et fortement décomposées; sa teinte est verdâtre ; il contient des petits grains très-nombreux d'une matière vert foncé, qui s'entame facilement avec une pointe d'acier et qui paraît être de la chlorite. Ce dernier calcaire offre moins d'échantillons de fossiles ; mais, par contre, il paraît être plus riche en espèces. En effet, quoique je n'aie eu à ma disposition que deux ou trois échantillons, j'ai constaté la présence, outre l'*Avicula Richemondiana*, de trois exemplaires du *Spirigera Caledonica*, d'une valve du *Spirigera Planchesi*, d'une valve de *Spirifer* d'espèce indéterminée, de deux Turbos, et enfin d'une portion de polypier qui me paraît se rapporter au *Scyphia armata* (Klipet).

La série d'échantillons recueillis dans ce calcaire de l'île Hugon, que je rapporte au trias supérieur, porte les numéros suivants :

36. Calcaire gris de fumée, de structure assez compacte, avec un petit nombre de débris de valves de l'*Avicula Richemondiana* privés de test, et un moule interne, en bon état, d'une valve droite de grande taille assez bien conservée, figuré pl. XIII, fig. 1.

37. Échantillon de calcaire brun-rougeâtre, avec nombreux débris de valves de l'*Avicula Richemondiana*, dont

(1) Il faut, toutefois, y ajouter les morceaux d'arbre silicifiés et la petite *Astarte* indéterminable figurée pl. XIII, fig. 6.

quelques-uns ont conservé une faible partie du test, qui s'enlève par feuillets. On voit sur cet échantillon un moule interne, en bon état de conservation, d'une valve gauche de grande taille, figurée pl. XIII, fig. 2.

38. Calcaire gris foncé, assez compacte, formé de débris de coquilles triturées, ayant conservé leur test et une valve gauche de grande taille de la même avicule, dont le test est en parfait état de conservation, figuré pl. XIII, fig. 3 *a.*

39. Échantillon de calcaire, très-semblable au précédent et offrant probablement les deux valves disjointes d'un même individu, avec le test parfaitement conservé; la valve droite, fig. 4 *a*, est légèrement déformée et aplatie; la valve gauche, au contraire, fig. 5 *a, b*, paraît n'avoir subi aucune déformation et montre bien la forme du crochet et une petite partie de l'aile.

40-49. Échantillons divers du même calcaire, avec débris d'*Avicula Richemondiana* plus ou moins écrasés, les uns ayant perdu, les autres ayant conservé leur test.

50. Roche un peu plus compacte, avec la même avicule à test conservé, avec quelques veines de chaux carbonatée spathique.

51. Beau morceau de la même roche assez lourd, plus homogène, avec chaux carbonatée spathique et quelques empreintes de petites avicules. Ce morceau a séjourné dans la mer et porte quelques petites balanes vivantes.

52-53. Morceaux du même calcaire, avec avicules et quelques veines de fer hydroxydé.

54. Morceau de roche calcaire plus gréseux, à grain plus grossier, montrant à sa base seulement des empreintes d'avicules. Ce morceau a été détaché d'un rocher, dont il forme la pointe, et la surface supérieure a été fortement corrodée par les agents atmosphériques.

55. Morceau de bois silicifié, avec fragment de calcaire semblable à celui des numéros précédents, avec empreintes de l'*Avicula Richemondiana* et moule extérieur de la petite *Astarte*, figurée pl. XIII, fig. 6 *a, b*.

56. Morceau de bois silicifié, où s'aperçoivent assez distinctement les couches annuelles, avec fragments de fer hydroxydé.

57. Morceau de bois silicifié, avec veinules de fer hydroxydé.

58. Portion de roche calcaire, de structure grossière, avec fragments nombreux d'une roche friable d'un vert foncé ; on y voit également de nombreux débris informes et triturés de coquilles et d'autres corps organisés, quelques valves en mauvais état d'*Avicula Richemondiana* d'assez petite taille, et enfin un Brachiopode appartenant à la même espèce que les deux numéros suivants.

59-60. Deux échantillons du *Spirigera Caledonica*, dont l'un, n°. 60, est représenté pl. XIII, fig. 9 *a, b*.

61. Petit échantillon de même roche, avec une petite valve bien conservée du *Spirigera Planchesi*, représenté pl. XIII, fig. 10.

62. Petit échantillon de la même roche que le n°. 58, avec une petite valve incomplète d'un *Spirifer* indéterminable représenté pl. XIII, fig. 11.

63. Fragments de roche semblable à la précédente, mais plus compacte, avec moule intérieur de *Turbo* indéterminé, figuré pl. XIII, fig. 7.

64. Échantillon de *Turbo Jouani*, retiré de la roche marquée au catalogue sous le n°. 58, et représenté pl. XIII, fig. 8 *a, b, c*.

65. Échantillon très-fruste d'un polypier en mauvais état de conservation, et qui rappelle le *Scyphia armata* (Klips.), représenté pl. XIII, fig. 12 *a. b, c*.

Tels sont les échantillons recueillis dans l'île Hugon par

M. E. Deplanches: ils nous permettent de reconnaître l'âge de ce calcaire, qui me paraît appartenir au trias supérieur.

Bien qu'elles soient pour la plupart assez mal conservées, j'ai pensé qu'il y avait un haut intérêt à figurer les plus remarquables de ces pièces, d'abord comme terme de comparaison avec les échantillons de la même période géologique, recueillis à la Nouvelle-Zélande par les naturalistes de l'expédition de la *Novara*, et qui seront décrits prochainement par M. Zittel ; et en second lieu, parce que la publication de ces matériaux, les premiers que l'on possède pour la paléontologie de notre colonie naissante, ne manquera pas d'être reçue avec faveur par les géologues français et étrangers, soit à cause de leur valeur même, soit pour rendre un témoignage d'intérêt aux généreux efforts des voyageurs intrépides qui, loin de la patrie, comme le R. P. Montrouzier, E. Deplanches, Vieillard, etc., se vouent de tout cœur à l'étude de ces régions éloignées, que le Créateur a douées d'une façon si splendide, et dont ils nous permettent de connaître les merveilles.

III. DESCRIPTION DES FOSSILES TRIASIQUES DE L'ILE HUGON.

1. TURBO (*Spec. ind.*)

Pl. XIII, fig. 7.

Cette espèce ne m'est connue que par un moule interne, en trop mauvais état de conservation pour pouvoir être décrit convenablement : il est donc simplement figuré ici pour constater la présence d'une espèce dont on pourra, sans doute, plus tard reconnaître les caractères.

Dimensions : hauteur totale, 20 millim. ; hauteur du dernier tour, 14 millim. ; largeur à la base, 18 millim.

Hab. Un seul échantillon connu, recueilli par M. E. Deplanches dans le trias de l'île Hugon (Nouvelle-Calédonie). Ma collection.

2. TURBO JOUANI, *E. Desl.*

Pl. XIII, fig. 8 *a, b, c.*

Coquille petite, à sommet aigu, offrant 5 tours de spire assez larges, légèrement bombés, marqués de 4 petits bourrelets parallèles à l'enroulement et séparés entr'eux par autant de méplats peu prononcés ; ces bourrelets croisés par des sillons obliques peu nombreux. Base large, continuant la courbe du dernier tour, offrant 5 sillons concentriques dont l'externe est le plus prononcé. Au centre, une dépression peu étendue, formant une sorte de faux ombilic.

Dimensions : hauteur totale, 8 millim. ; hauteur du dernier tour, 4 millim. ; largeur, à la base, 6 millim.

Hab. Un seul échantillon connu, recueilli par M. E. Deplanches dans le trias de l'île Hugon. Ma collection.

Obs. Je me fais un plaisir et un devoir de dédier cette espèce à M. Jouan, capitaine de frégate de la marine impériale, long-temps gouverneur des colonies françaises de l'Océan-Pacifique, et qui a bien voulu, avec la plus aimable complaisance, me donner les renseignements les plus instructifs sur la géologie de ces contrées éloignées.

3. ASTARTE (*Spec. ind.*).

Pl. XIII, fig. 6 *a, b.*

Cette coquille ne m'est également connue que par une empreinte de la valve gauche qui, quoique très-nette, est insuffisante pour pouvoir être décrite convenablement, le genre même restant douteux ; c'est donc simplement à titre de renseignement qu'elle a été figurée.

Dimensions : longueur, 4 millim. ; largeur, 5 1/2 millim.

Hab. Un seul échantillon connu, donné par une empreinte très-nette trouvée sur un morceau de calcaire contenant un débris de bois silicifié et quelques échantillons de l'*Avicula Richemondiana*, recueilli par M. E. Deplanches dans le trias de l'île Hugon (Nouvelle-Calédonie). Ma collection.

4. AVICULA RICHEMONDIANA, *Zittel* (1863).

Pl. XIII, fi. 1, 5.

SYN. *Monotis Salinaria* (var.). *Richemondiana*, Zittel (*Neues Yahrbuch der Mineralogie*, p. 151. Wien, 1863.

Coquille bivalve, subéquivalve, inéquilatérale, plus ou moins irrégulière, très-étalée, déprimée, excepté vers les crochets, où elle est assez renflée, rendue inégale à son bord libre par les saillies des côtes principales. Ligne cardinale droite, peu prolongée des deux côtés du crochet, celui-ci saillant et recourbé en dessous à l'une des valves, moins saillant et moins recourbé sur l'autre ; marquée de côtes rayonnantes, plus ou moins arrondies et plus ou moins nombreuses, suivant les individus, les côtes étendues depuis le crochet jusqu'aux bords. Espaces intercostaux presque planes, mais relevés par une ou trois petites côtes, suivant qu'on les examine plus près du bord libre ; montrant quelques ondulations transversales plus ou moins sensibles dans la direction des stries d'accroissement, plus marquées vers la circonférence qu'ailleurs. Intérieur répétant, moins pro-

noncés, les ornements de la surface externe. Charnière inconnue ; empreintes musculaires inconnues.

Dimensions : longueur, 55 millim. ; largeur, 66 millim. — Dimension des échantillons moyens : longueur, 45 millim. ; largeur, 50 millim.

Hab. Excessivement abondante dans le calcaire triasique de l'île Hugon (Nouvelle-Calédonie), où elle forme presque toujours une lumachelle et où elle a été recueillie par Émile Deplanches à tous les âges et à diverses grandeurs, conservant toujours son caractère. — Ma collection et collection de la Sorbonne.

Obs. Cette espèce et les autres formes voisines, telles que l'*A. salinaria*, ont été rangées par les uns dans le genre *Avicula*, par les autres dans le genre *Monotis* ; mais, comme ce dernier ne me paraît pas jusqu'ici avoir été bien circonscrit, et que les auteurs y ont accumulé une foule de choses disparates, j'aime mieux la conserver provisoirement dans le genre *Avicula* ; je dis provisoirement, car sa ligne cardinale ne se prolonge pas sur l'un des côtés comme dans la plupart des vraies avicules ; les deux valves paraissent à peu près égales et non inégales ; elle ne semble pas avoir sur sa petite valve, près de la ligne cardinale, de sinus pour le passage d'un byssus. La forme générale est irrégulière, tandis que dans les vraies avicules elle ne l'est point. Elle paraîtrait se rapprocher, par ses côtes rayonnantes, des avicules fossiles de la section des *Digitatæ*, telles que l'*A. cycnipes, echinata, inæquivalvis*, etc. ; mais elle en diffère très-notablement par sa petite valve, à peu près égale à la grande et couverte de côtes comme elle, tandis que dans les espèces de la section citée, la petite valve est presque lisse, ne montrant que des lignes à peine saillantes ; leur bord est entier, jamais digité ; elles montrent, en outre, près de la ligne cardinale, un sinus étroit et très-profond pour le passage du byssus.

Ces différences ont déjà frappé un grand nombre de paléontologistes, qui ont fait rentrer les espèces de la section des *Digitatæ*, ainsi que les avicules semblables à celle dont je m'occupe aujourd'hui, dans un genre particulier, *Monotis;* mais comme ce genre, ainsi constitué, renferme une foule de coquilles fort disparates, et qu'il est nécessaire, pour le reconstituer sur des bases certaines, de faire une révision complète de toutes les espèces jusqu'ici connues, je conserverai le nom général d'*Avicula* comme provisoire, en ne préjugeant rien sur la place des *Avicula Richemondiana*, *salinaria* et autres dans la famille des *Aviculidæ;* il sera nécessaire, d'ailleurs, de comparer ces avicules triasiques à d'autres formes plus anciennes encore du permien, du carbonifère, du dévonien et du silurien supérieur, pour lesquelles on a déjà proposé les genres *Aviculo-Pecten*, *Pterinea*, etc.

Je n'ai pas voulu entreprendre ici un pareil travail de révision, qui m'eût entraîné hors de la question des espèces triasiques calédoniennes, et qui aurait allongé outre mesure cette note, déjà trop longue. Ce travail de révision sera d'ailleurs fait par mon père, qui a rassemblé une foule de matériaux en vue d'un mémoire qu'il se propose de publier. Il pense que ces coquilles n'appartiennent pas aux vrais Avicules, ni même à la famille des *Malléacées;* il se fonde sur ce que le test n'est formé que d'une seule couche de nature lamelleuse ; qu'il n'existait point à l'intérieur une couche nacrée, devenant spathique par la fossilisation ; que l'empreinte musculaire est unique et qu'il n'y en a pas une seconde plus petite, comme dans les vraies Avicules ; enfin sur la position particulière de cette empreinte musculaire unique.

M. Zittel, dans un mémoire important sur la paléontologie de la Nouvelle-Zélande, dont je donne plus loin un extrait comprenant l'article relatif aux fossiles triasiques, regarde cette espèce comme une simple variété de l'*Avicula salinaria*, sous le nom d'*Avicula salinaria*, var. *Richemondiana*. Je pense, toutefois, que les différences sont assez grandes pour constituer une espèce particulière très-voisine de la coquille européenne, et je proposerai de l'inscrire sous le nom *A. Richemondiana*, érigeant ainsi à titre d'espèce ce que notre ami Zittel a proposé comme variété.

5. SPIRIGERA? CALEDONICA (*nov. spec.*).

Pl. XIII, fig. 9 *a*, *b*.

Coquille ovalaire, plus longue que large, déprimée, un peu rétrécie vers les crochets, à surface entièrement lisse, montrant à la région frontale de la petite valve un lobe médian mal déterminé, un peu excavé dans sa partie moyenne. A ce lobe médian correspond, sur la grande valve, un large sinus peu profond. Crochet peu recourbé, rétréci et comme comprimé, coupé obliquement par un foramen ovalaire assez grand, s'étendant jusqu'au crochet de la petite valve. Deltidium nul ou rudimentaire. Structure simplement fibreuse, non perforée.

Caractères internes inconnus.

Dimensions : longueur, 30 millim. ; largeur, 22 millim.

Hab. Trois échantillons recueillis par M. E. Deplanches dans le trias de l'île Hugon (Nouvelle-Calédonie).

Obs. Cette coquille offre, avec une taille quadruple, la forme d'un certain nombre d'espèces de St.-Cassian, telles que les *Terebratula ampulla*, *lyrata*, *tricostata*, etc., qui appartiennent, je pense, à la famille des *Spiriferidæ*, et ne

sont pas , par conséquent, des Térébratules. Quant à leur
véritable genre , je n'ai pas jusqu'ici de données suffisantes
pour le reconnaître exactement , puisque je n'ai jamais pu
voir l'intérieur de ces différentes formes ; le test , d'ailleurs ,
manque des perforations si caractéristiques de la famille des
Térébratulidées , et sa nature simplement fibreuse paraît , au contraire , ressembler beaucoup à celui des *Spirigera* et autres Spiriféridées térébratuliformes. D'un
autre côté, M. de Hauer a publié , dans les *Mémoires* de
l'Académie impériale-royale de Vienne , un Mémoire remarquable sur les fossiles triasiques des Alpes vénitiennes, où il
décrit une espèce figurée dans la pl. IV , fig. 12 *a*, *b*, *c*, *d*,
sous le nom de *Ter. venetiana.* Mais, dans cette dernière, de
moitié plus petite que l'espèce calédonienne, il existe une
dépression frontale sur les deux valves, et cela pourrait très-
bien être une vraie Térébratule, voisine de la *Ter. vulgaris.*
N'ayant pas d'échantillons, je ne puis rien préciser à cet
égard.

6. SPIRIGERA PLANCHESI (*nov. spec.*).

Pl. XIII , fig. 10.

Grande valve inconnue.

*Petite valve suborbiculaire, plus large que longue, forte-
ment déprimée, largement échancrée à la région frontale
et droite à la région cardinale, où s'observe la plus grande
largeur. Bords latéraux unis au bord cardinal par une
courbe très-brusque. Surface divisée en trois portions par
un sinus médian profond, s'étendant du crochet jusqu'au
bord frontal et déterminant, à la partie moyenne, un
sillon très-marqué. Ce sinus, n'occupant que le quart de
la largeur totale du front, est séparé brusquement du
reste de la surface par deux arêtes divergentes, obtuses.*

*Parties latérales s'abaissant en pente douce, un peu dé-
primées, surtout en se rapprochant du crochet. Surface à
peu près lisse, marquée simplement de légères lignes d'accroissement. Structure simplement fibreuse, non perforée.
Caractères internes inconnus.*

Dimensions : longueur, 35 millim. ; largeur, à la région cardinale,
42 millim. ; écartement, au front, du sinus médian, 15 millim.

Hab. Un seul échantillon connu, recueilli par M. E. Deplanches dans le trias de l'île Hugon (Nouvelle-Calédonie).

Obs. Bien que nous ne connaissions qu'un seul échantillon de la petite valve de cette magnifique espèce et que, par
suite, la description que je donne soit nécessairement fort
incomplète, on peut dès à présent la rapprocher presque avec
certitude du genre *Spirigera,* dont nous voyons quelques espèces offrant une ornementation très-voisine : tels sont les
Spirig. esquerra (de Vern.) et *phalena* (Phill.),══*Sp. hispanica*
(de Vern.). Ne connaissant pas la grande valve de ma nouvelle espèce, je ne puis savoir si son crochet est raccourci
comme dans les espèces dévoniennes, ou bien s'il ne serait
pas plutôt aminci comme dans les *Retzia.* Je pencherais
plutôt vers cette dernière opinion, et je m'appuie sur la
forme de certaines espèces du trias de St.-Cassian, telles que les
brachiopodes auxquels on a donné les noms de *Ter. lyrata,
tricostata, quadriplecta,* etc., dont la petite valve présente
une analogie extrême avec la coquille calédonienne. Il est
vrai que la taille est ici près de huit fois plus considérable ;
mais qu'y aurait-il d'étonnant à cela ? Ne voit-on pas plusieurs
de nos genres de mollusques, actuellement vivants, acquérir
dans les mers australes des proportions énormes, si on les
compare à leurs représentants des mers de l'Europe ? Ce
serait donc encore ici un facies *antipodial* des formes tria-

siques. Quoi qu'il en soit, il nous faut de nouveaux exemplaires plus complets pour juger la question en dernier ressort, et j'espère bien que mon ami E. Deplanches, qui continue à explorer ces contrées lointaines, me fournira, dans un temps plus ou moins rapproché, de nouveaux matériaux sur cette précieuse coquille, à laquelle je donne, avec un très-vif plaisir, le nom du naturaliste intrépide qui, depuis près de dix années, explore la Nouvelle-Calédonie avec tant de succès et tant de dévouement à la science, et dont la conduite sublime, lors d'une terrible épidémie de fièvre jaune, fut si bien caractérisée d'héroïsme par le prince Ch. Bonaparte ; j'ajouterai un titre bien plus modeste, mais qui, j'en suis sûr, sera reçu avec effusion par E. Deplanches, celui d'un ami d'enfance avec lequel j'ai fait mes premières études et qui se rappellera, en lisant ces lignes, les charmantes excursions que nous avons faites ensemble et où, bien jeunes alors, tout, dans l'immense champ de la nature, était pour nous le sujet d'une naïve et ardente admiration.

7. SPIRIFER (*sp ind.*).

Pl. XII, fig. 11.

Petite valve seule connue et en trop mauvais état de conservation pour être décrite convenablement. On voit seulement que cette espèce était pourvue, à la petite valve, d'un fort bourrelet médian non marqué de plis et que les parties latérales présentaient cinq à six gros plis arrondis et peu profonds. Une pareille ornementation rappelle le *Spirifer ostiolatus,* et surtout certaines espèces de *Spiriferina* jurassiques, tels que les *Sp. pinguis* et *verrucosa,* ou bien encore le *Sp. fragilis* du trias inférieur : il y a donc peu de données à tirer de cette forme pour préciser l'époque géologique où elle a vécu.

Dimensions : longueur, 15 millim. ; largeur, 24 millim.

Hab. Un seul échantillon connu, recueilli par M. E. Deplanches dans le trias de l'île Hugon (Nouvelle-Calédonie).

8. SCYPHIA ARMATA ? (*Klipst*).

Pl. XII, fig. 12 *a, b, c.*

Parmi les morceaux de calcaire fossilifère de l'île Hugon,
j'ai recueilli un fragment de polypier en fort mauvais état
de conservation, dont j'ai représenté : fig. 12 *a*, le morceau
entier ; 12 *b*, un fragment grossi représentant l'apparence
extérieure, et 12 *c*, la coupe d'une portion. Dans un pareil
état, il est tout-à-fait impossible de déterminer l'espèce : aussi
je prie de considérer ma détermination comme tout-à-fait
provisoire, cela m'a toutefois rappelé l'aspect du *Scyphia armata* décrit par Klipstein. Si un pareil rapprochement se
confirmait, ce serait une raison de plus pour préciser l'âge
de ce calcaire et le rapporter avec certitude à la partie supérieure du trias.

En résumé, nous voyons que si on observe attentivement
les fossiles recueillis dans la roche de l'île Hugon, tout con-
court à la faire regarder comme plus ou moins ancienne. La
présence du *Spirifer* exclue immédiatement tout rapprochement avec les terrains tertiaires, crétacés et même jurassiques,
jusques et y compris l'oolithe inférieure. Quant au lias, on y
a rencontré des représentants des Spiriféridées (*Spiriferina,
Suessia* et même *Spirigera*) ; il ne serait donc pas déraison-
nable de rapprocher cette roche de la partie la plus inférieure
de la série jurassique, d'autant plus qu'on y voit certaines
formes semblables à la petite *Astarte* et au *Turbo Jouani ;*
mais si on considère les autres Brachiopodes, la forme des

deux coquilles que je rapporte avec doute au genre *Spirigera,*
nous éloigne du lias et nous fait considérer la roche comme
plus ancienne. Si maintenant nous cherchons dans la série
paléozoïque, nous voyons bien quelques espèces analogues
d'aspect à ces brachiopodes; mais les formes les plus éminemment paléozoïques font ici défaut : ainsi, il n'y a ni *Pro-
ductus* ni *Strophalosia.* L'absence de ces genres, qui dominent toujours dans les séries permienne et carbonifère,
nous fait rejeter ces deux terrains et, à plus forte raison, la série
silurienne; car nous n'avons pas ici un seul trilobite, et les
avicules siluriennes et dévoniennes ont un tout autre aspect;
reste donc, en dernier ressort, la série triasique.

Si, malgré leur petit nombre, on compare l'ensemble des
fossiles que je viens de décrire à la faune du trias, on ne peut
méconnaître une association de formes tout-à-fait analogue à
celle de cette grande formation, et en particulier de la faune
si remarquable de St.-Cassian. Ainsi, l'avicule ressemble tellement à l'*A. salinaria* qu'on a peine à l'en distinguer et
qu'elle n'en est même peut-être qu'une variété australe.
Le *Turbo Jouani* nous rappelle un certain nombre de ces
charmantes espèces décrites par MM. Klipstein et Münster.
Quant aux Brachiopodes, comme j'ai étudié principalement
cet ordre, je me suis appliqué, malgré leur mauvais état de
conservation, à voir de quel âge on pourrait rapprocher les
fossiles calédoniens de l'île Hugon. Or, les deux *Spirigera*
n'ont pour moi de ressemblance directe qu'avec certaines
formes, également du trias de St.-Cassian. Quant au *Spirifer,* une espèce très-semblable, le *Sp. fragilis,* existe dans
le trias de l'Europe; on voit donc que tout nous donne
raison pour rapporter ce calcaire de l'île Hugon à la partie
supérieure du terrain triasique.

Enfin, une agrégation toute particulière d'échantillons
d'une des espèces de l'*Avicula Richemondiana,* répandue par

milliers dans le calcaire de l'île Hugon, nous rappelle la même association de l'*Avicula salinaria* dans les roches triasiques des Alpes. Je sais qu'un pareil argument peut paraître très-faible au point de vue paléontologique ; mais il me semble qu'au point de vue géologique, ce n'est plus la même chose ; et en effet, nous avons vu, à ces anciennes époques du monde, telle espèce de coquille vivre en société, et cela sur toute la surface du globe, avec tant de régularité qu'aussitôt qu'on trouvait, par exemple, une gryphée arquée, on était certain d'en voir des milliers, et que, par contre, aussitôt que paraissait le lias inférieur, immédiatement on rencontrait des gryphées arquées et souvent cette espèce seule. L'association d'une seule espèce, répandue par milliers, devient donc d'une importance extrême pour reconnaître les niveaux géologiques : aussi est-ce principalement dans la présence de cette avicule, aussi répandue dans le calcaire de l'île Hugon, que je prends l'argument le plus positif pour regarder cette roche comme appartenant à la série triasique supérieure.

On a, d'ailleurs, reconnu cette même roche et cette même espèce dans un certain nombre d'îles de l'Océan-Indien : l'*Avicula Richemondiana* devient donc un point de repère fort précieux pour reconnaître aisément un horizon constant, un niveau bien déterminé dans la série géologique des régions australes.

M. Zittel est arrivé, pour la Nouvelle-Zélande, à des conclusions qui concordent d'une manière si complète avec ce que je viens de signaler pour la Nouvelle-Calédonie, que je ne puis résister au désir de transcrire ce qui a trait au trias dans le mémoire de M. Zittel : je pense donc qu'on lira avec grand intérêt les lignes suivantes, extraites du *Neues Yahrbuch der mineralogie* et dont je dois une traduction à l'obligeance si connue de M. Sœmann :

« La plus ancienne formation fossilifère de l'île du Sud

« (Nouvelle-Zélande) se trouve à Richemond, près Nelson,
« et consiste en un grès de couleurs variées, souvent ferru-
« gineux, qui a une grande ressemblance avec la grawacke
« (dévonienne) des bords du Rhin. Le nombre des fossiles
« qu'on y a trouvés jusqu'ici est très-restreint. Deux bivalves
« y dominent par le grand nombre des individus. La plus
« grande, qui est en même temps la plus commune, appar-
« tient au genre *Monotis ;* leurs empreintes remplissent des
« couches entières, laissant à peine des intervalles entr'elles.
« Ce mode d'association rappelle à lui seul le *Monotis sali-*
« *naria*, de Bronn, et cette première impression est confirmée
« par la grande ressemblance des deux fossiles. La variété
« de la Nouvelle-Zélande atteint bien une taille plus considé-
« rable, de sorte que ses côtes se développent davantage,
« paraissent plus fortes, et que l'ensemble de la coquille est
« alors plus bombé ; mais, à côté de ces exemplaires, on en
« trouve d'autres qu'on a de la peine à distinguer de notre
« espèce européenne, et qui prouvent qu'on n'a affaire qu'à
« une variété *antipodiale*. Je l'ai décrite sous le nom de
« *Avicula salinaria*, var. *Richemondiana*.

« La seconde bivalve, bien que moins nombreuse, est
« cependant encore abondante et ne se distingue pas de
« l'*Halobia Lommeli* (Wissemann), décrite dans Münster
« (*Beiträge*, vol. IV, p. 22, pl. XVI, fig. 11).

« L'association de ces deux espèces imprime au terrain
« qui les renferme un caractère si éminemment triasique,
« que l'aspect paléozoïque de quelques autres échantillons
« ne saurait prévaloir pour la fixation de leur âge. Parmi ces
« espèces, on remarque une *Spirigera* qui rappelle la *Sp.*
« *undata*, Defr., le *Mytilus problematicus* (nov. spec.) et
« des moules indéterminables d'*Astarte*, de Turbos et d'une
« coquille semblable à une huître. — La grande extension
« de l'étage triasique, qui a été dans ces derniers temps re-

« connue en Turquie et à l'Hymalaya, reçoit une nouvelle et
« remarquable confirmation par son apparition à la Nouvelle-
« Zélande. »

Et j'ajouterai à la Nouvelle-Calédonie et à la Nouvelle-
Hollande :

L'extrait ci-dessus fait partie d'un mémoire dans lequel
M. Zittel annonce la publication, aux frais du Gouvernement
autrichien, des recherches géologiques faites par M. F. de
Holhstatter, géologue de l'expédition de la frégate la *Novara*.

La *Novara*, partie pour un voyage de circumnavigation,
est revenue sur ses pas en apprenant la nouvelle de la décla-
ration de guerre de la France à l'Autriche. On ignorait, à
bord, qu'une réserve spéciale avait été faite en sa faveur par
le Gouvernement français, dont les généreuses et nobles as-
pirations ont été de tout temps vers tout ce qui porte un
cachet de grandeur et qui a toujours protégé les recherches
scientifiques qui honorent l'humanité, sous quelque pavillon
qu'elles s'abritent; et, pour n'en citer qu'un exemple célèbre,
on doit se rappeler que, lors d'une guerre maritime bien
plus terrible, engagée avec l'Angleterre, pareil ordre avait
été donné de laisser passer librement les deux frégates du
capitaine Cook. Le Gouvernement français s'est toujours fait
un honneur de respecter et de protéger la science, restant
ainsi toujours fidèle à son principe de marcher à la tête de
la civilisation.

EXPLICATION DES PLANCHES.

Planche XIII.

Fig. 1.   *Avicula Richemondiana* (Zitt.). Valve droite, privée de test.
— 2.   —   —   Valve gauche, id.
— 3 *a.*   —   —   Valve gauche, avec le test bien
                        conservé.
Fig. 3 *b*, 3 *c. Avicula Richemondiana* (Zitt.). Portions grossies du test
                        du même individu.
— 4 *a.*   —   —   Valve droite un peu déformée,
                        montrant une partie du test.
— 5 *a.*   —   —   Valve gauche, de taille assez
                        petite, en parfait état de con-
                        servation.
— 5 *b.*   —   —   Crochet de la même valve.
— 6 *a. Astarte ?* (sp. ind.).   Grand. nat.
— 6 *b.*   —   —   La même, grossie.
— 7.   *Turbo* (sp. ind.).   Grand. nat., moule interne.
— 8 *a, b.*   — *Jouani*   (E.-Desl.). Grand. nat.
— 8 *c.*   —   —   Dernier tour, grossi.
— 9 *a, b. Spirigera Caledonica*   (Id.). Grand. nat.
— 10.   — *Planchesi*   (Id.). Petite valve, de grand. nat.
— 11. *Spirifer* (sp. ind.).   Petite valve, grand. nat.
— 12 *a. Scyphia armata*   (Münst.). Grandeur naturelle.
— 12 *b, c.* —   —   Portion de la surface et coupe,
                        grossies.

Planche XVII.

Carte de la Nouvelle-Calédonie et des îles Loyalty, réduction d'une
carte communiquée par M. le commandant Jouan.

Caen, typ. de A. HARDEL.

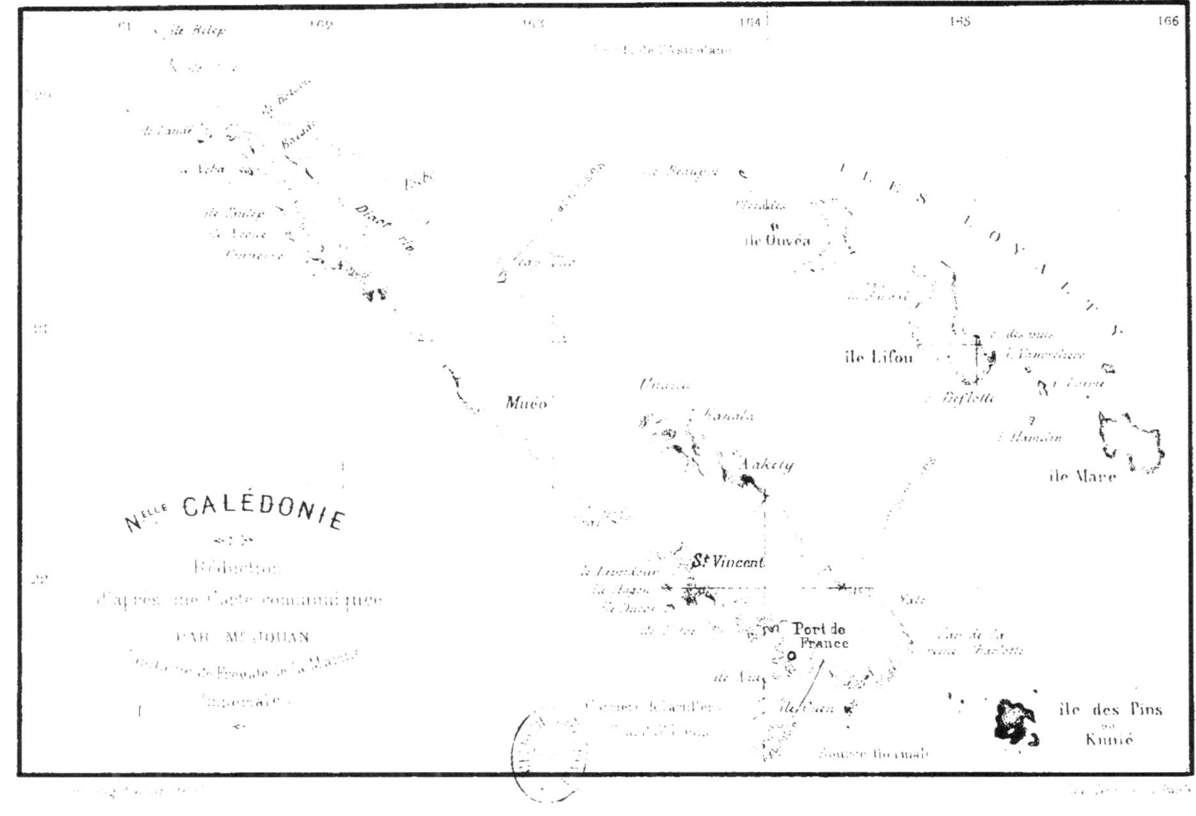
166
165
164
163
162
161
ile Balep
Bondé
Diaot rio
île Ouvéa
ILES LOYALTY
ile Lifou
Muéo
Kanala
Aakety
ile Mare
Nelle CALÉDONIE
Réduction
d'après une Carte communiquée
PAR Mr JOUAN
St Vincent
Port de France
Source thermale
ile des Pins
ou
Kunié